AF356816

ÉTUDE PRÉLIMINAIRE

sur la

BIOLOGIE & LA PÊCHE DU THON COMMUN

(Orcynus thynnus L.)

dans la Méditerranée occidentale

Par M. le Dr Louis ROULE,

Professeur au Muséum National d'Histoire Naturelle

I

La distribution géographique du thon et ses variations

Cette question, à mon avis, se présente aujourd'hui de la manière suivante, selon les relevés auxquels je me suis livré, et selon mes constatations en Provence, en Corse, et en Sardaigne.

On distingue, dans la Méditerranée occidentale, deux époques d'apparition du thon. L'une est celle que les praticiens nomment du « thon de course » ou du « thon d'arrivée » ; elle embrasse les mois de mai et de juin, et déborde parfois sur juillet. L'autre, plus longue, dite du « thon de retour », commence vers le début ou le milieu du mois de juillet, dure pendant tout l'été, se prolonge en automne, et parfois en hiver, dans quelques parages, jusqu'à février ou mars. Il en résulte que l'on reconnaît deux catégories des pêcheries fixes, *Thonnares* ou *Madragues*, que l'on installe pour capturer le thon : celle des « Thonnares de course » et celle des « Thonnares de retour ». On monte les premières en mai et juin, et les secondes pendant l'été et l'automne : sauf les cas où la même pêcherie peut servir des deux façons, en modifiant la position de l'entrée par rapport à la queue.

Les thons de course ne se montrent guère en nombre suffisant pour alimenter les thonnares que dans deux régions de la Méditerranée occidentale. L'une d'elles se trouve au sud des Baléares, et au voisinage de la côte espagnole, à la hauteur d'Alicante et de Carthagène. L'autre, plus vaste, occupe un périmètre comprenant surtout les côtes occidentales de la Sardaigne et de la Sicile, le littoral tunisien, et la partie méridionale de la mer Tyrrhénénne. Ces régions semblent être les seules où, pendant le milieu et la fin du printemps, les thons adultes passent par grandes troupes ; ils font alors défaut partout ailleurs, ou n'apparaissent que par petites bandes, ou bien n'ont que des dimensions assez restreintes.

Par contre, et durant l'été entier, jusqu'en automne et même en hiver, les thons de retour de diverses tailles fréquentent le bassin entier de la Méditerranée occidentale et ses dépendances. On les pêche sur toutes les côtes, et dans l'Adriatique, soit au moyens des thonnares ou madragues de retour, soit avec des engins qui permettent de les capturer au large.

Comme ces phénomènes reviennent chaque année avec régularité, ils conduisent à une alternance remarquable. Ainsi, et pour en donner un exemple, le thon commence à se montrer en juillet, chaque année, sur les côtes provençales et liguriennes. On le pêche par divers procédés pendant l'été, l'automne, et même l'hiver jusqu'en février ou mars. Puis il disparaît dès avril, manque en mai et juin, et ne reparaît qu'en juillet. L'époque de cette disparition annuelle concorde avec celle de la présence du thon de course, à la même date, dans les deux régions citées ci-dessus.

Il est inutile d'insister davantage sur la documentation qui permet de conclure comme je l'indique. Si l'on rapproche les uns des autres les faits constatés, on s'aperçoit que la distribution géographique du thon commun dans la Méditerranée occidentale s'étend sur toute cette dernière, mais en offrant une variation régulière et périodique. Cette variation est à deux phases : l'une de rassemblement ou de concentration ; l'autre de dissémination. Pendant la première, la majeure part de la population thonnière adulte se rassemble dans les deux régions de course ; elle se déplace pour y parvenir, et quitte les autres zones de la mer. Pendant la seconde, ce rassemblement se dissipe, et la population se répand, en s'éparpillant, dans les zones qu'elle avait précédemment abandonnées. De plus, alors que la phase de rassemblement s'adresse strictement à des adultes, celle de dispersion s'applique à des individus de toute taille, adultes et jeunes.

II

La théorie migratrice

Les faits relatifs à l'apparition ou à la disparition annuelles du thon, et au déplacement fréquent des troupes de ce poisson selon des directions constantes, joints à la périodicité régulière de ces phénomènes, ont donné lieu à la croyance d'une migration à longue portée que ces êtres accompliraient chaque année. Cette théorie migratrice paraissait seule capable d'expliquer le cas aussi remarquable de passages en sens inverses, ou paraissant inverses, accomplis annuellement avec constance. Cette théorie, formulée par les anciens, renouvelée au 18ᵉ siècle par le naturaliste sarde Cetti (1777), se résume ainsi : les thons hivernent dans l'océan Atlantique ; tous les ans, au printemps, ils pénètrent dans la Méditerranée en franchissant le détroit de Gibraltar, et font le tour de la Méditerranée entière, sans doute pour aller pondre dans la mer Noire ou à son voisinage ; après quoi, ils reviennent à l'Atlantique. De là, les termes usités de « thons de course » ou « thons d'arrivée » pour ceux qui arrivent effectivement, et de « thons de retour » pour ceux qui reviennent à l'Océan. De là encore· les expressions, employées par les praticiens, « d'yeux à droite » ou « d'yeux à gauche », et de « terre à gauche » ou de « terre à droite », pour préciser les directions contraires suivies alternativement, selon les localités, par les bandes de thons qui arrivent ou qui s'en retournent.

Cette théorie a été l'objet, à diverses époques, de critiques fort sérieuses. Les premières en date furent celles du duc d'Ossada (1816), auxquelles succédèrent bientôt celles de G. Cuvier (1831). Les plus complètes ont été formulées par Pavesi (1889). Ces dernières sont d'une telle précision, qu'il semble étonnant de trouver encore, par la suite, des partisans de l'antique concept migrateur. Les constatations nouvelles, effectuées après la publication des travaux de l'éminent ichthyologiste italien, n'ont fait que corroborer son opinion. Ce sont celles du roi Carlos de Portugal (1898) et de M. L. Sanzo (1910).

La conclusion qui se dégage des premières est que les thons atlantiques, qui arrivent au printemps dans la baie d'Espagne, ne peuvent entrer dans la Méditerranée pour en faire le tour, puisque leur apparition s'accomplit aux mêmes dates, et puisqu'on les voit reprendre la route du large, vers le plein Océan, peu de semaines après leur venue. Les thons atlantiques effectuent, en somme, une migration printanière de rassemblement dans la baie d'Espagne, suivie d'une migration de dispersion ; mais ils restent cantonnés dans l'Océan, et ne franchissent pas en nombre le détroit de Gibraltar. La population thonnière de l'Atlantique lui serait propre, se déplacerait alternativement comme celle de la Méditerranée et aux mêmes dates, mais sans dépasser son domaine, et surtout sans contribuer de façon exclusive à constituer la population méditerranéenne.

Les études de M. L. Sanzo ont porté sur la ponte du thon. Ce savant a décrit l'œuf, qu'il fut le premier à observer. Il résulte de ses recherches que cette ponte a lieu vers la fin du printemps et le début de l'été, et qu'elle peut s'accomplir dans le bassin occidental de la Méditerranée, loin du Bosphore et de la mer Noire par conséquent. Les œufs examinés par M. Sanzo ont été pris au voisinage de la Sicile.

Il demeure donc entendu que la population thonnière de la Méditerranée lui est propre, et qu'elle ne tire aucun emprunt régulier de l'Atlantique, ou, dans tous les cas, que cet emprunt est restreint. *Orcynus thynnus* habite avec constance les eaux méditerranéennes ; ses déplacements habituels ne dépassent pas le périmètre relativement limité qu'elles occupent. Le grand périple méditerranéen n'ayant point lieu, c'est à d'autres causes qu'il convient de s'adresser désormais pour expliquer le va-et-vient régulier des thons dans leur habitat.

III

La théorie hydrodynamique

La théorie migratrice, comportant un circuit méditerranéen, expliquait dans une certaine mesure plusieurs des particularités offertes par le thon en ses apparitions et ses disparitions périodiques. — Puisqu'elle est inexacte, il devient nécessaire de chercher ailleurs les raisons de ces phénomènes. Or, les praticiens de la pêche incriminent volontiers les vents et les courants. Ayant remarqué que les thons se dirigent, d'ordinaire, en sens inverse des courants, et que certains vents, soit au moment où ils soufflent dans leur plein. soit au moment où ils tombent, paraissent attirer ces poissons en plus grand nombre, ils estiment volontiers que ces deux causes exercent une action prédominante.

M. Bounhiol, dans un intéressant mémoire (1911), s'est basé sur ces données pour établir une théorie des déplacements du thon. Il la qualifie d'*éolienne* et d'*hydrodynamique*. Selon son opinion, les apparitions et les disparitions locales du thon seraient étroitement liées au régime et à la direction des vents qui, en frappant la surface des eaux marines, déterminent la formation de courants de poussée. Les thons se rassemblent et se déplacent, conformément au rhéotactisme qu'ils possèdent en commun avec un certain nombre de poissons prédateurs, en sens inverse des courants ainsi produits. C'est par là que le régime des vents pourrait régler celui des thons eux-mêmes. M. Bounhiol se livre, sur ce sujet, à diverses considérations judicieuses concernant le littoral algérien ; mais il n'a effectué aucune démonstration expérimentale efficiente de sa théorie, en l'établissant d'après la production des grandes thonnares, seules capables, grâce à leurs puissants rendements, de donner des solutions catégoriques.

Un autre naturaliste, dont il n'a point connu le travail, car il ne le cite pas. avait eu cependant la même idée que lui, et s'était efforcé de la vérifier expérimentalement. Le roi Carlos de Portugal a publié en 1899 les résultats des observations qu'il avait effectuées, en 1898, sur les importantes thonnares de la côte des Algarves. Il s'était demandé, en présence des travaux de Pavesi (1889) qui ruinaient la vieille théorie migratrice, ce que l'on devrait mettre à la place de cette dernière. Il avait donc recherché si les allées et venues périodiques des thons pouvaient s'expliquer par les variations des conditions météorologiques. — Il conclut de ses études qu'il n'existe entre elles aucune relation. Ni l'état de la mer, ni l'intensité et la direction du vent, ni la pression barométrique, ni la température de l'air, ne lui paraissent avoir d'influence. Les apparitions et les disparitions des thons semblent indépendantes de ces composantes du régime météorologique local.

Je me suis attaché, à mon tour, à vérifier si la théorie éolienne s'accorde, ou non, avec les faits. J'ai choisi, pour ma vérification, les deux thonnares de Porto Scuso et d'Isola Piana, situées sur la côte méridionale de la Sardaigne. Ces deux pêcheries, fort importantes, appartiennent, dans la classification de Pavesi, à la première catégorie. Tout auprès d'elles, dans la ville de Carloforte, est établi un observatoire météorologique et sismographique, bien outillé et dirigé, où l'on prend trois fois par jour les mesures anémométriques. Il est donc possible d'avoir avec exactitude, dans cette région, et de comparer entre elles les données portant sur les rendements des thonnares et celles de la direction des vents. J'ai choisi en outre, dans les relevés que j'ai consultés, les périodes à mattanzes quotidiennes ou presque quotidiennes, durant lesquelles la relève de la chambre de mort et l'abattage ont lieu presque tous les jours. On a ainsi toute certitude au sujet du moment pendant lequel les thons se déplaçaient pour entrer dans l'engin, et du vent qui soufflait à ce moment-là. La liste suivante donne les dates de ces mattanzes, le rendement de chacune d'elles, et l'indication des vents depuis la mattanze précédente.

Année 1910. — Thonnare de Porto-Scuso

Dates	Rendement	Direction des vents
24 mai....	359 thons....	N.-N.-W.
25 mai....	429 thons....	N.-N.-W.
26 mai....	503 thons....	N.-E. à S., puis N.-N.-W.
27 mai....	259 thons....	E.-N.-E., S.-S.-E., N.
28 mai....	226 thons....	E.-N.-E., S.-S.-W., S.-S.-E.

Année 1910. — Thonnare d'Isola Piana

Dates	Rendement	Direction des vents
1er juin....	1.104 thons....	N. à N.-N.-E.
2 juin....	410 thons....	N.-E., S., S.-W.
3 juin....	298 thons....	S., S.-S.-E., N.-N.-W.
4 juin....	330 thons....	W.-S.-W., N.-N.-W.
6 juin....	779 thons....	S. à W., N.-N.-W.
7 juin....	410 thons....	N.E., N.-N.-W., N.
8 juin....	364 thons....	N.-E., S.-S.-W., N.

Année 1911. — Thonnare d'Isola Piana

Dates	Rendement	Direction des vents
1er juin....	217 thons....	W., N.-N.-W., N.
2 juin....	981 thons....	E., S.-S.-E., S.-S.-W.
3 juin....	724 thons....	N., E.-N.-E.
4 juin....	123 thons....	S., E.
5 juin....	216 thons....	N.-E., E.-N.-E.
12 juin....	1.334 thons....	W., S.-S.-W.
13 juin....	1.172 thons....	S.-S.-E., W.-S.-W.
14 juin....	671 thons....	W., N., N.-N.-W.
16 juin....	1.271 thons....	N.-N.-W., N., S.-S.-E.
17 juin....	80 thons....	N.-E., N., E.-S.-E.

Ces relevés suffisent pour démontrer qu'il n'existe aucune concordance entre les directions variables des vents et les passages des thons décelés par les rendements des abattages. Les thonnares pêchent et donnent des mattanzes fructueuses par tous les vents. Il semble bien qu'il y ait, au total, une prédominance en faveur des vents de N. à W. Cette suprématie s'expliquerait par le fait que ces vents, dans le régime météorologique de la région considérée, sont les plus fréquents. Mais on ne saurait, en outre, s'appuyer sur elle pour conclure, au bénéfice de cette majorité des cas, en faveur de la théorie éolienne. Voici pourquoi. Les thons se dirigent dans cette région vers les points d'est et sud, en venant d'ouest et nord. Les deux thonnares de Porto-Scuso et d'Isola-Piana ont, par suite, leur queue et leur entrée disposées pour capturer les thons qui se portent vers l'est et le sud ; elles ne sauraient pêcher dans la direction contraire. Or, cette dernière direction est précisément celle que devraient prendre les thons, entraînés par leur rhéotactisme, s'ils remontaient les courants de poussée formés par les vents de N. à W. Comme ils ne la prennent pas, comme ils se dirigent exclusivement dans le sens opposé, il s'ensuit que ces courants n'exercent aucune action réelle, et que ces vents sont sans effet prédominant.

IV

La théorie halo-thermique

Je propose, à mon tour, une théorie nouvelle. Sa nouveauté n'existe toutefois qu'à l'égard des thons, car elle est déjà connue pour d'autres poissons migrateurs. Je me borne à appliquer à *Orcynus thynnus L.* ce que les études entreprises par les naturalistes de la *Commission internationale pour l'exploration de la mer du Nord*, et notamment les travaux de MM. J. Schmidt (1909) et Damas (1909), ont démontré pour les Gadidés.

Cette théorie consiste à expliquer les déplacements des thons par les variations de la température et de la salinité des eaux de la mer ; et les diversités, soit dans le temps, soit dans l'espace, des rendements de la pêche, par une diversité correspondante qui s'introduirait dans le degré de température ou le degré de salure des eaux où sont mouillés les engins. Cette théorie est donc halo-thermique.

Je la base sur des mesures et des observations que j'ai effectuées, en 1913, sur les deux thonnares sardes mentionnées ci-dessus, et sur une troisième thonnare, celle de Porto-Paglia, située dans le voisinage. Des contestations juridiques étant élevées sur cette dernière, à l'occasion des causes présumées de sa décadence, je ne la mentionnerai point ici. J'établis ma démonstration d'après les deux pêcheries en plein rendement : celles de Porto-Scuso et d'Isola-Piana.

Ces données ne s'appliquent donc qu'à une seule région du bassin occidental de la Méditerranée. Elles n'ont point, par conséquent, le caractère de généralité qu'elles devraient comporter. Il sera nécessaire de les compléter, et d'effectuer ultérieurement des observations du même ordre dans plusieurs autres régions fréquentées par les thons. Elles sont toutefois assez importantes pour préciser ce qui mérite surtout de l'être dans une explication de cette sorte, et pour dicter leur méthode aux investigations à venir. J'ai eu soin, du reste, de les étendre, en relevant ce qui pouvait les corroborer actuellement, dans l'attente des recherches futures qui achèveront de les mettre au point.

Les paragraphes suivants exposent, de façon sommaire, les faits constatés et les conséquences que je crois devoir en tirer.

V

La nature biologique du « thon de course » et du « thon de retour »

Les expressions « thon de course », « thon d'arrivée », « thon de retour », ont été données selon l'esprit de la théorie migratrice, et sont toujours employées. On pourrait donc présumer, puisque cette théorie est fausse, que les termes créés à son usage manquent dé précision, et, par extension, qu'il n'existe aucune différence réelle entre les diverses catégories de thons. Or, cette généralisation serait inexacte à son tour. Si les termes usités sont impropres, il n'en est pas de même pour les dissemblances qu'ils consacrent et qui ont leur réalité.

Les « thons de course » ou « thons d'arrivée » sont les individus que l'on pêche au printemps, en mai et en juin, par grandes troupes, dans les thonnares montées au sud de l'Espagne, en Sardaigne, en Sicile, et en Tunisie. Les praticiens de ces thonnares, qui sont les plus importantes de toutes et donnent les plus forts rendements, signalent depuis longtemps que leurs prises se font remarquer, au vidage qui suit la pêche, par la vacuité de l'estomac et par la grande taille des glandes sexuelles. Certains usages du paiement de la main-d'œuvre se basent même sur cette particularité, car les ovaires convertis en poutargue constituent un produit recherché. Je me suis assuré de la véracité de cette assertion. En somme, les thons de course sont des adultes mâles et femelles en pleine période d'élaboration génitale, et peu éloignés de l'époque de la maturation et de la fraie, qui arrive à la fin du printemps ou au début de l'été. Le qualificatif qui leur convient le mieux, étant donné leur état, est celui de « *thons reproducteurs* » ou mieux de « *thons génétiques* ».

Les individus, à cette phase de leur existence, ont l'estomac avec l'intestin entièrement vides et privés de tout résidu alimentaire. Comme ils sont pris dans des thonnares où ils se tiennent emprisonnés, suivant le cas, quelques heures ou quelques jours, on a pu admettre qu'ils avaient eu le temps, avant la capture et la mattanze, de digérer leurs proies et d'évacuer les restes de la digestion. Mais, comme il en est toujours ainsi, comme pareille vacuité se montre même après des mattanzes répétées à brefs intervalles, alors que les thons n'auraient point le temps nécessaire à leur digestion, il faut bien convenir que cet état digestif a sa valeur propre, indépendante de l'emprisonnement dans la thonnare. De fait, les thons reproducteurs ne mangent pas et ne s'alimentent point ; leurs déplacements par grandes troupes, qui comprennent parfois plusieurs milliers d'individus, n'ont point leur cause dans une poursuite quelconque de proies. Ils montrent en eux-mêmes, comme résultat du métabolisme auquel ils se prêtent pour leur élaboration génitale, une disposition négative à l'égard de toute alimentation régulière, comme font d'autres poissons migrateurs également parvenus à l'époque de leur élaboration génitale, tels que les saumons et les anguilles. Les thons génétiques sont des abstinents. Il est donc inutile, au sujet des exploitations de thonnares de course actuelles, comme de la création de thonnares nouvelles, de faire état d'une alimentation supposée, puisque cette dernière n'existe point.

L'état biologique des « thons de retour » est différent. Les dissemblances d'avec le précédent s'accentuent d'autant mieux que l'époque de la ponte se trouve plus éloignée. Les individus y sont de plusieurs âges, et de plusieurs tailles par conséquent. Leurs glandes sexuelles sont petites et immatures chez les uns, vides chez ceux qui ont pondu. Ils chassent leurs proies avec ténacité, et leur autopsie montre souvent en eux un abondant contenu stomacal. Ils voyagent solitaires ou par petites troupes, et poursuivent ardemment les êtres plus faibles qu'eux, poissons ou mollusques pélagiques, dont ils font leur alimentation habituelle. Ils se répandent un peu partout dans le bassin occidental de la Méditerranée, et ne se dirigent point explicitement vers un lieu donné où tous convergeraient. Le véritable qualificatif qui leur convient est celui de « *thons erratiques* ».

Il s'ensuit que les distinctions établies de toute antiquité entre les deux catégories des thons pêchés ont un fondement biologique ; elles correspondent à des dissemblances réelles, bien qu'elles s'expriment au moyen de termes inexacts, qu'il sera utile de changer désormais pour ceux que je propose. *Orcynus thynnus L.* est, en définitive, une espèce pélagique et bathypélagique, que sa grande taille et sa vitesse de nage rendent erratique durant son existence entière, sous la réserve que les conditions de milieu lui soient favorables. Il n'est d'exception à cette condition errante et prédatrice qu'au moment de la reproduction ; alors, les adultes en élaboration génitale deviennent abstinents, et se dirigent en masse vers leurs régions de ponte.

On retrouve donc, chez le thon, les phénomènes signalés par Damas (1909) comme existant chez les Gadidés. *Orcynus thynnus L.* montre une migration de concentration reproductrice, durant laquelle la population thonnière en cause se rassemble sur le plus petit espace possible ; et une migration de dispersion, où, la ponte achevée, cette population s'éparpille sur tout son domaine géographique en allant rejoindre les individus que la reproduction n'avait pas intéressés. Ces deux impulsions migratrices, qui se succèdent avec régularité dans le cours de l'année, et dont la première se réalise toujours suivant une direction constante, sont celles qui ont prêté jadis à admettre l'existence du circuit méditerranéen. Les déplacement réels, malgré leur importance, ont ainsi une moindre portée, car ils se bornent aux voyages de la concentration et de la dispersion, sans plus.

VI

L'influence de la thermalité et de la salinité des eaux marines sur les déplacements du thon et la pêche des thonnares

Les observations qui suivent ont été faites en Sardaigne, dans les eaux des thonnares de Porto-Scuso et d'Isola-Piana, à la fin de mai et au début de juin 1913, en pleine campagne de pêche au thon génétique ou de course.

	Profondeurs	Tempé-ratures	Salinités °/₀₀
27 mai. — Thonnare de Porto-Scuso.	Surface...	17°1	37,45
—	5 mètres.	17°	37,47
—	10 mètres.	16°9	37,47
—	20 mètres.	15°8	37,57
27 mai. — Thonnare d'Isola-Piana.	Surface...	17°8	37,45
—	5 mètres.	17°6	37,47
—	10 mètres.	17°5	37,45
—	20 mètres.	16°6	37,59
29 mai. — Thonnare de Porto-Scuso.	Surface...	17°7	37,47
—	5 mètres.	17°6	37,47
—	10 mètres.	17°5	37,48
—	20 mètres.	17°1	37,50
31 mai. — Thonnare de Porto-Scuso.	Surface...	19°4	37,63
—	5 mètres.	19°3	37,61
—	10 mètres.	19°2	37,63
—	20 mètres.	18°6	37,63
31 mai. — Thonnare d'Isola-Piana.	Surface...	18°1	37,54
—	5 mètres.	18°5	37,56
—	10 mètres.	17°8	37,56
—	20 mètres.	17°5	37,52

Ces mensurations, comparées entre elles, donnent les résultats suivants :

1° Des thonnares voisines (la thonnare d'Isola-Piana est

distante de 5 à 6 kilomètres de la thonnare de Porto-Scuso) peuvent différer entre elles sous le rapport de la thermalité et de la salinité de leurs eaux.

2° Une même thonnare peut passer successivement, dans la saison de pêche, par des états différents en ce qui concerne la thermalité et la salinité de ses eaux.

3° A la date du 27 mai 1913, les eaux de la thonnare d'Isola-Piana avaient une salinité moyenne égale à celle des eaux de la thonnare de Porto-Scuso, mais elles montraient une température plus élevée. Par contre, à la date du 31 mai, les eaux de la thonnare de Porto-Scuso avaient une thermalité et une salinité supérieures à celles des eaux de la thonnare d'Isola-Piana.

Corrélativement à ces résultats tenant à l'état des eaux marines, ces deux thonnares en ont donné d'autres portant sur leur rendement calculé d'après les mattanzes, et par conséquent sur la valeur quantitative du passage des thons à ces dates.

La dernière mattanze opérée avant le début de mes mensurations eut lieu, à Isola-Piana comme à Porto-Scuso, le 24 mai. Ensuite, Porto-Scuso fit mattanze le 29 mai, et prit 83 thons ; tandis qu'Isola-Piana, en deux mattanzes, du 28 au 30 mai, en prit 272. Ainsi, durant l'époque pendant laquelle les eaux des deux thonnares avaient même salinité, mais une thermalité inégale, celles d'Isola-Piana étant plus chaudes que celles de Porto-Scuso, c'est dans les premières que les thons passent de préférence, puisque le rendement de la pêcherie est plus élevé.

A partir de la date du 30 mai, les eaux de la région entière changent de nature ; elles augmentent de salinité, et surtout de thermalité. Cette modification parvient à son maximum le 31 mai et les premiers jours de juin. Elle est plus prononcée à Porto-Scuso qu'à Isola-Piana. Les mattanzes, pendant cette seconde époque, furent de 90 thons, à Isola-Piana, le 4 juin. et de 149 thons, à Porto-Scuso, les 1ᵉʳ et 4 juin. Ainsi, bien que cette seconde époque fût marquée par un passage de thons moindre que dans la première, les individus se sont pourtant rendus en plus grand nombre, et se sont fait prendre en plus grande quantité, dans les eaux plus chaudes et plus salées de Porto-Scuso, que dans les eaux moins chaudes et moins salées d'Isola-Piana.

En résumé, cette condition alternante des deux époques consécutives présente un terme unique et constant : celui du rendement plus élevé, et par suite du passage plus nombreux, dans les eaux dont la température et la salinité sont plus fortes. Il faut donc en conclure que les déplacements des thons dans leur milieu sont influencés par la qualité des eaux marines comme thermalité et comme salure, et que leur direction générale se porte vers les régions où ces deux circonstances parviennent à leur plus haut degré.

Cette conclusion se déduit ici de mensurations faites pendant quelques jours sur deux thonnares seulement. Il sera nécessaire de lui donner ultérieurement des bases plus larges, en effectuant des mensurations du même ordre sur des thonnares de diverses localités. Il est indiscutable toutefois que l'on ne dépasse point les faits en la formulant ainsi, car je trouve des preuves complémentaires de sa véracité dans les résultats obtenus ailleurs sur d'autres poissons migrateurs, et dans ceux que donnent dès aujourd'hui les études statistiques sur les rendements variables des thonnares.

Ces derniers résultats sont exposés dans les paragraphes qui suivent. Quant aux premiers, ils découlent surtout des observations faites par MM. Schmidt et Damas (1909), sur les *Gadidés* des parties septentrionales de l'océan Atlantique. Ces auteurs, et notamment le dernier, ont démontré que les gades manifestent, à l'occasion de l'élaboration génitale et causée par elle, une sensibilité extrême envers la température, la salinité et la profondeur des eaux marines. Cette sensibilité est moindre pendant les autres phases de l'existence. Aussi les adultes reproducteurs de ces gades recherchent-ils, à l'approche de la ponte, les régions où se trouvent les qualités qu'ils recherchent, et convergent-ils vers elle : c'est alors que l'espèce accomplit sa migration de concentration reproductrice.

Les circonstances sont identiques, comme le dénotent les mensurations et les recherches précédentes, chez les thons de la Méditerranée. Les adultes reproducteurs, ou thons génétiques, manifestent alors, vis-à-vis de la thermalité et de la salure, puisque la profondeur ne saurait entrer en compte à l'occasion de pêcheries littorales semblablement disposées partout, une hypersensibilité fort nette. Ils recherchent les eaux les plus tièdes et les plus denses, et se portent vers elles de proche en proche, en remontant les courants qu'elles déterminent, et se dirigeant vers les régions d'où elles partent. Ils arrivent ainsi jusqu'à ces dernières, où ces qualités sont portées à leur plus haut point, et c'est là que s'accomplit la ponte.

On peut donc affirmer, comme je l'ai déjà fait (1913), que la distribution variable des isohalines et des isothermes règle, chez le thon, la situation et les déplacements des individus, cette dépendance étant plus étroite à l'égard des thons génétiques qu'à celui des thons erratiques. *Orcynus thynnus* L. est, en définitive, une espèce sténotherme et sténohaline, dont la capacité en ce sens augmente à l'époque de la reproduction. Mes études ne m'autorisent toutefois qu'à poser cette condition générale, sans pouvoir préciser encore les détails relatifs à l'optimum, au maximum ni au minimum, pendant les deux états biologiques de l'individu.

Il devient inutile d'insister davantage sur ce sujet. Je me borne toutefois à signaler que l'hypersensibilité thermique et la recherche d'eaux plus tièdes pendant l'élaboration génitale ont été signalées chez plusieurs espèces de poissons. Ces êtres, étant hétérothermes et privés de régulation calorifique, étant obligés de recevoir du milieu toute la chaleur nécessaire à leur métabolisme puisqu'ils sont abstinents, sont rendus hypersensibles aux conditions thermiques de leur milieu, et étroitement assujettis à elles.

Quant à la sténohalinité et à l'hypersensibilité saline, il se peut qu'il y ait une corrélation entre elles et le fait que le thon est un poisson dont les tissus sont riches en corps gras. Cette richesse semble plus grande chez les thons génétiques que chez les erratiques ; elle toucherait donc à son maximum au moment de la reproduction. La densité des eaux marines, en de telles conditions, n'est plus chose indifférente pour des êtres qui se déplacent avec rapidité. Le passage plus fréquent des thons génétiques en eaux superficielles, et à proximité des côtes, lorsque ces eaux deviennent plus denses, pourrait reconnaître l'une de ses raisons dans cette particularité. Ces deux faits, qui appellent des études circonstanciées — valeur variable de la chair du thon en substances grasses, et passages plus nombreux des thons en eaux superficielles lorsque ces substances sont le plus abondantes — s'accorderaient avec les intéressantes constatations effectuées par Léa (1911) sur le hareng, par Sund (1911) sur le sprat, par Polimanti (1913) sur l'habitat en profondeur, et par Fage et Legendre (1914) sur la sardine.

VII

L'influence des courants sur les déplacements des thons et la pêche des thonnares

Les mensurations exposées ci-dessus, jointes aux constatations d'autre sorte faites sur place, permettent d'attribuer le renouvellement des conditions de milieu, sur l'emplacement des thonnares susdites, à la venue d'un courant d'eaux

plus tièdes et plus denses que celles qui s'y trouvaient anté-
rieurement. Ce courant arrive des régions d'entre Sud et Est,
situées entre la Sardaigne et la Tunisie, et porte, en longeant
la côte occidentale sarde, vers le Nord et l'Ouest. C'est lui
que les thons génétiques recherchent, et qu'ils remontent.
C'est à sa présence que les thonnares de la côte occidentale
de Sardaigne doivent de pouvoir fonctionner. Les remarques
faites par les praticiens locaux sur les concordances fré-
quentes qui s'établissent entre les passages des thons et l'arrivée de ce courant, soit après une interruption causée par
la violence des courants de poussée contraires (et venant de
nord à ouest), soit à la suite de courants de poussée semblables ou presque semblables (et venant de sud-ouest à sud-
est), corroborent ces résultats.

Les dispositions des thonnares elles-mêmes contribuent à
démontrer leur réalité. Ces pêcheries sont fixées, mouillées
à demeure, et ne peuvent donc capturer leur poisson qu'à la
condition que ce dernier se déplace selon une direction déter-
minée. Les praticiens emploient, pour désigner les compartiments principaux de l'engin, et leur situation mutuelle, des
termes établis d'après l'orientation géographique. La confu-
sion apparente, qui en résulte lorsqu'on compare entre elles
des thonnares de localités différentes, disparaît si l'on se rend
compte que toutes ces pêcheries occupent une situation iden-
tique par rapport au courant principal de la région où elles
sont montées. Les termes usités doivent être pris, ainsi que
je l'ai fait dans le diagramme de thonnare publié (p. 347) dans
mon *Traité de la Pisciculture et des Pêches* (1913-1914),
comme exprimant dans leur ensemble, et pour toutes ces
pêcheries, la situation des compartiments, de l'entrée, et de
la queue, par rapport à la direction de ce *courant pêchable*.
Il faut, dans tous les cas, que la queue soit placée sur le
courant par rapport à l'entrée, que la chambre de mort
soit installée sur le courant par rapport à la queue, et que

la thonnare entière soit orientée selon ces dispositions préliminaires et essentielles. Le thon, en se déplaçant à contre-courant, bute contre la queue qu'il longe en s'éloignant de terre, trouve l'entrée sous le courant de la queue, pénètre dans la pêcherie, et cherche à aller dans la chambre de mort en continuant à remonter le courant. Les manœuvres des pêcheurs consistent à faciliter cette remonte, et à intercepter tout retour possible lorsque les thons se sentent emprisonnés.

Or, les thonnares de la côte occidentale sarde ont leur entrée placée, par rapport à la queue, de manière à capturer les thons qui se déplacent en venant d'entre nord et ouest et se portant entre sud-ouest et sud-est. La pratique a donc conduit à les installer, depuis leur début, de manière à bénéficier du courant qui vient de ces dernières régions en portant vers les premières, conformément aux indications biologiques fournies aujourd'hui par l'étude même du poisson.

Ces constatations se rattachent à celles que la célèbre croisière du « Thor » dans la Méditerranée, dirigée par M. J. Schmidt, a fait récemment connaître (1912). Ces recherches démontrent, entre autres, que la Méditerranée est parcourue par deux courants principaux : l'un d'entrée, pour l'eau atlantique qui franchit le détroit de Gibraltar ; l'autre de retour, qui ramène à l'Océan l'eau méditerranéenne. Le premier longe le littoral marocain et le littoral algérien ; superficiel, il donne à ce littoral des salinités assez basses, comprises entre 36 $^{\circ}/_{\circ\circ}$ et 37 $^{\circ}/_{\circ\circ}$ en moyenne ; les salinités égales à 37 ne se montrent guère que vers 100 ou 150 mètres de profondeur, et celles de 38 vers 200 à 300 mètres. Le second, dirigé en sens inverse, composé d'eaux tièdes et de fortes salinités, part de la Méditerranée orientale, et pénètre dans le bassin occidental en passant entre la Tunisie, la Sicile et la Sardaigne. Ces régions, ainsi soumises à l'influence permanente (sauf les variations causées par les courants temporaires de poussée) de ce courant principal, constant, venant d'entre est et sud pour se porter entre ouest et nord, sont précisément celles où sont montées les plus importantes thonnares de course destinées à la capture des thons génétiques. La relation étroite, qui lie l'existence de ce courant à la sténothermalité ainsi qu'à la sténohalinité de ces thons désireux d'eaux relativement tièdes et denses, se révèle de nouveau grâce à cette observation.

On pourrait objecter ici que des thonnares de course à gros rendement sont montées ailleurs, notamment sur les côtes espagnoles, auprès d'Alicante et de Carthagène. Le volume publié par M. J. Schmidt permet de répondre à cette objection, d'après les relevés de température pris en 1910 à bord du « Pangan », pendant une traversée rapide du bassin occidental de la Méditerranée vers la fin de la saison de pêche, du 23 juin au 4 juillet. Le « Pangan », après avoir constaté que l'eau superficielle, à Gibraltar, marque 19°3, trouve deux zones à température maxima et supérieure à 20°, et deux zones à température plus basse. Les deux premières sont précisément situées dans les régions des thonnares de course espagnoles (22°) et dans celles des thonnares tyrrhéno-tunisiennes (jusqu'à 24°5) ; les deux autres se placent à Gibraltar même (19°3), et dans les eaux des côtes provençales (18°3) et liguriennes (18°7). Ces relevés confirment ainsi mon opinion sur la sténothermalité, et sur les influences d'ordre thermique qui font effectuer au thon génétique un déplacement de concentration vers les régions où les eaux sont les plus chaudes. Quant à la raison qui donne à cette partie des eaux espagnoles une température aussi élevée, les travaux de la *Commission internationale d'exploration de la Méditerranée*, fondée par S. A. S. le Prince de Monaco, permettront sans doute de l'élucider ultérieurement.

VIII

Les variations du rendement des thonnares

Les thonnares présentent, dans leur rendement, des variations considérables, qui donnent à leur exploitation la plus grande irrégularité. Ces variations appartiennent à trois catégories.

Les plus simples sont journalières: Les rendements de la pêcherie, accusés par les mattanzes, varient d'un jour à l'autre, pendant la durée d'une seule et même campagne, ou mieux d'une mattanze à l'autre. Ainsi, en 1913, les quatorze mattanzes opérées par la thonnare d'Isola-Piana donnèrent successivement, en nombre de pièces abattues ou en tableau de pêche, les rendements suivants : 332, 152, 112, 311, 263, 176, 96, 90, 722, 355, 649, 411, 86, 480.

Les variations de la seconde sorte sont annuelles : les rendements varient d'une année à l'autre dans une seule et même thonnare. Ainsi, les tableaux annuels des rendements de la thonnare d'Isola-Piana furent successivement, en nombre de pièces, pendant la période décennale 1904-1913 : 3.787, 5.508, 4.564, 2.090, 4.171, 8.404, 8.868, 9.792, 3.757, 4.235.

Les variations de la troisième sorte sont cycliques, et s'étendent sur plusieurs années réunies. Ainsi la thonnare d'Isola-Piana, de 1830 à 1836, prenait annuellement un nombre de thons inférieur à 2.000. Puis, de 1836 à 1845, elle a toujours donné, chaque année, un chiffre de thons supérieur à 2.000, et capable d'atteindre 5.000. Après quoi, après une chute temporaire, et au travers des variations annuelles de la seconde sorte, son rendement montre une progression soutenue, jusqu'à 1880, où la production annuelle dépasse 7.000 pièces. Ensuite, le rendement retombe de 1880 à 1892-1895, où il descend au-dessous de 2.000 thons par année ;

et, depuis 1895, cette thonnare reprend son mouvement ascendant, dont la culmination semble atteinte en 1909, 1910 et 1911.

De telles irrégularités reconnaissent, sans doute, plusieurs causes. Les unes se peuvent imputer aux passages eux-mêmes, qui s'effectuent par troupes d'importances différentes et à des moments différents ; les captures se ressentent forcément, au sujet de leur quantité, d'un pareil état des choses. Mais les autres, plus efficientes probablement, tiennent sans conteste à l'état même, au sujet de la température et de la salinité, des eaux dans lesquelles les thonnares sont mouillées. Ces engins sont, en effet, des pêcheries fixes situées à portée des rivages, et les nombreuses causes de diversité des eaux littorales étendent forcément leur action jusqu'à leurs propres eaux.

Un exemple en est donné par la région où sont situées les thonnares de Porto-Scuso et d'Isola-Piana.

Mes observations montrent que les eaux amenées par le courant tiède et dense ne conservent pas leur degré de salinité, mais le diminuent jusqu'au moment où une accession d'eaux nouvelles vient le rehausser. Il faut donc, puisque la salinité baisse, qu'une dilution se produise avec des eaux douces.

La région contient, en effet, des nappes d'eaux telluriennes, qui s'épanchent par places au long du rivage, et qui doivent s'épancher de même sur le fond de la mer. Ces épanchements, ainsi que le ruissellement, modifient auprès de la côte la salinité et la température des eaux marines. Leur fréquence ou leur importance ont donc moyen d'agir sur les déplacements des thons : en les rejetant au large, si les épanchements, trop abondants, diminuent par trop les degrés de salure et de température ; en les attirant vers la côte, si leur proportion minime ne modifie point, ou change peu, les conditions recherchées par ces poissons. Dans le premier cas, les thonnares pêcheront moins ; dans le second, leurs rendements seront plus considérables. Les variations locales des isothermes et des isohalines jouent donc, à ce sujet, un rôle prédominant.

Je n'ai pas encore pu recueillir, quant à ces variations mesurées directement, un chiffre suffisant d'observations ; car ces mensurations doivent, pour donner un résultat convenable, porter sur une durée assez longue. Mais je suis arrivé à une conclusion approximative et acceptable, en me référant à la pluviométrie locale. Il est acceptable, en effet, de présumer que des pluies abondantes, survenues avant la campagne de pêche, puissent augmenter l'importance des épanchements d'eaux telluriennes, et que des hivers peu humides ou des printemps secs produisent l'effet contraire. On en est donc conduit à rechercher si les années de grands rendements ne seraient point celles dont le printemps et l'hiver précédents se caractériseraient par leur sécheresse, et, inversement, si celles de médiocre production ne correspondraient point à des époques d'hiver et de printemps pluvieux.

J'ai déjà montré (1913), pour la région des thonnares de Porto-Scuso et d'Isola-Piana, que la courbe de la pluviométrie du mois d'avril (le mois qui précède immédiatement la saison de pêche) se parallélise en sens inverse avec la courbe des rendements des thonnares. En 1904, 1907, 1908, 1912 et 1913, où la pluviométrie d'avril est relativement élevée, les rendements dans les campagnes consécutives sont faibles. Par contre, en 1905, 1906, et 1909 à 1911, où cette même pluviométrie est peu considérable, les rendements sont élevés. C'est en 1907 que les pluies d'avril atteignent leur maximum, et c'est aussi en 1907 que les rendements sont au plus bas.

Plusieurs années, antérieures à la période décennale 1904-1913, se font signaler par la faiblesse extrême des rendements des thonnares. Telle est l'année 1899, où la production descendit au-dessous de 3.500 pièces dans chacune des deux thonnares, alors qu'elle atteignait 6.000 de moyenne en 1898 et qu'elle dépassait 7.000 en 1900. Or, l'hiver 1898-1899 et le printemps de 1899 furent très pluvieux, et donnèrent une proportion d'eau tombée supérieure au double de la moyenne.

Ces relevés ne donnent, il est vrai, que des approximations. Il faudrait, pour plus de précision, connaître la valeur des épanchements sous-marins au long du littoral, et posséder, en outre, des mesures pluviométriques d'une rigoureuse exactitude. Mais ces approximations suffisent, dans le cas présent ; elles attestent que les variations locales en température et salure des eaux, où sont montées les pêcheries fixes des thonnares, sont capables, en agissant sur les déplacements des thons, de modifier les rendements.

Toute disposition, dans cette occurrence, qui pourrait atténuer l'importance de l'infiltration souterraine des eaux de pluies à proximité des thonnares, ou d'empêcher les déversements d'eaux superficielles, aura pour résultat final, quant aux thonnares, d'augmenter et de régulariser leur rendement. On a déjà remarqué, depuis l'antiquité, que les thonnares placées à portée de rivages boisés perdent de leur valeur si le revêtement forestier venait à disparaître. La fiction s'est même emparée du fait, car on a supposé que les forêts littorales attiraient les thons, grâce aux glands qu'elles laissaient tomber dans l'eau, et dont ces poissons se nourrissaient. Si cette explication, ainsi appliquée à des êtres abstinents quand ils sont génétiques, et carnassiers quand ils sont erratiques, n'a aucune raison d'être, la chose en elle-même est justifiée. Les revêtements forestiers atténuent, en effet, l'importance du ruissellement et de l'infiltration, car les racines des arbres absorbent l'eau pluviale, qu'elles envoient dans le tronc et les feuilles pour la faire revenir à l'atmosphère par le jeu de la transpiration végétale. Les forêts littorales permettent donc aux eaux marines avoisinantes de mieux conserver leur température propre et leur salinité, car les épanchements sont moindres. Elles favorisent ainsi la pêche des thonnares, puisqu'elles empêchent, ou qu'elles atténuent tout au moins; les causes habituelles de diminution.

IX

Les circonstances incidentes de la biologie du thon et de l'exploitation des pêcheries

Quelques considérations supplémentaires permettent, en dernier lieu, de corroborer les données précédentes.

Le golfe du Lion et les parages de la Corse étaient autrefois riches en thons. Les documents d'archives attestent le fait. Les madragues ou thonnares, nombreuses, donnaient des rendements lucratifs. Il en était de même pour les pêcheries flottantes, dites à la sinche. Actuellement, ceci n'existe presque plus, sauf en de rares régions, où les rendements moyens, tout en se montrant suffisants pour entretenir une exploitation soutenue, se trouvent inférieurs toutefois à ce qu'ils furent jadis. Les thons n'ont pas abandonné, cependant, les eaux de ces régions ; mais ils se tiennent au large ou en profondeur, et approchent moins souvent des côtes. Le résultat en est que leur pêche, très active jusqu'au xviiie siècle, et même jusqu'à la seconde moitié du xixe siècle, est tombée en décadence. Il n'est d'exception qu'à l'égard des hardis pêcheurs à la courantille, qui vont en haute mer chercher le thon où il séjourne. Quant aux pêcheries littorales, madragues et parcs de sinches, moins nombreuses qu'autrefois ou de rendement plus faible, elles ne contribuent plus à donner à la production générale les hauts chiffres qu'elle atteignait jadis.

Cette circonstance remarquable s'accorde, dans le temps, avec une autre. Pendant la période de cette diminution, et à dater de l'époque où elle paraît débuter, les forêts littorales, qui couvraient les falaises et les plages en nombre d'endroits, ont été coupées et détruites, sans qu'aucune tentative de reboisement n'ait eu lieu par la suite. Les côtes, sur la plus grande étendue de ces régions, sont aujourd'hui dénudées.

Il n'en était pas ainsi autrefois, lorsque les thons, approchant du littoral plus souvent et par troupes plus grandes, permettaient aux pêcheries d'opérer d'abondantes captures. Les données précédentes autorisent à considérer cette relation dans le temps comme chose essentielle, et non pas fortuite. Il y a là vraiment, pour une bonne part, relation de cause à effet. On a détruit la forêt littorale, pour en tirer du charbon de bois destiné à l'industrie ; et, par ricochet, on a détruit la pêche elle-même. L'absence du revêtement forestier, laissant désormais aux eaux telluriennes, superficielles et souterraines, un jeu plus libre, plus abondant et plus étendu, fait que les eaux marines littorales diffèrent plus souvent et plus longtemps des eaux du large par leur température et leur salinité : d'où la conséquence que les thons s'approchent moins fréquemment des premières qu'ils ne s'en approchaient jadis.

Une autre circonstance du même ordre mérite d'être relevée. Le golfe de Marseille portait sur son pourtour, jusqu'à la fin de la première moitié du XIX⁰ siècle, dix madragues lucratives, dont plusieurs étaient réputées. A dater de 1850, les thons et les autres grands scombridés pélagiques n'ont plus pénétré dans le golfe qu'en moins grand nombre ; et cette diminution s'est progressivement accentuée au point d'entraîner la disparition de la plupart des pêcheries. Aujourd'hui, il n'en reste plus que deux, dont le rendement est faible relativement à ce qu'il fut.

On a incriminé à ce sujet les travaux des ports et la navigation à vapeur, sans songer que ces mêmes causes, existant ailleurs auprès de thonnares toujours productives, ne sauraient être invoquées. Du reste, les grands travaux des nouveaux bassins et de leurs digues ont commencé quelques années après le début de la diminution des rendements, qui se place vers 1850. La cause de ce phénomène doit être imputée au golfe lui-même, puisque les bandes de thons continuent à se tenir au large ou hors du golfe. Il faut donc la rechercher sur place et à l'époque indiquée.

Or, pendant l'hiver de 1849 à 1850, fut inauguré le canal de la Durance, qui, dès ce moment, apportait à Marseille et à sa banlieue 5 mètres cubes 750 d'eau douce par seconde, et, peu d'années après, 9 mètres cubes. Une partie de cette eau, employée au nettoyage des rues et aux besoins de la population, allait à la mer par les égouts ; une autre s'y déversait directement pour l'épuration du Vieux-Port. Même en admettant que le tiers seulement du débit général pût se jeter ainsi dans le golfe, cette quantité de 3 mètres cubes par seconde donne un total de 10.800 mètres cubes par heure, et de 259.200 mètres cubes d'eau douce par jour. Cette intrusion nouvelle, continue, qui n'existait pas auparavant, a donc modifié les conditions locales du milieu, et les a rendues moins favorables aux passages des thons, comme à ceux des autres espèces sténohalines et sténothermes.

On pourrait encore trouver ailleurs des exemples de thonnares jadis prospères, qui sont tombées en décadence à la suite du déboisement des falaises voisines et de l'apport plus abondant d'eaux douces déversées à portée. On doit en conclure que l'exploitation des thonnares doit se protéger, non seulement du côté de la mer, mais aussi du côté du rivage.

On s'est souvent demandé, en plusieurs pays, s'il fallait conserver les madragues concédées, ou en interdire le montage. La question ne se pose guère pour les pêcheries destinées aux thons erratiques ; la pêche au large, ou la capture faite à l'aide de parcs mobiles, paraissent donner aujourd'hui les meilleurs résultats. Mais il n'en est plus de même pour les thonnares placées dans les régions que fréquentent, au printemps, les thons génétiques. Ces derniers ne sauraient être saisis en nombre par d'autres procédés ; et les engins qu'on installe à leur intention sont les seuls qui puissent assurer un rendement élevé et constant.

Les thonnares à pêche printanière, dites de course ou d'arrivée dans le langage des praticiens, ont donc leur raison d'être. Les chartes qui les ont instituées, et les règlements que l'on a formés par la suite, créent en leur faveur une zone de protection du côté de la haute mer. Il conviendrait, semble-t-il, d'en établir une autre, encore plus nécessaire et utile bien qu'on ne l'ait jamais prévue, du côté du rivage. Cette protection consisterait à empêcher tout déboisement à proximité de la thonnare, à créer des périmètres de reboisement, et à atténuer si possible, au moins pendant la saison de pêche, le débit des adductions d'eau douce, ou à en détourner le cours.

Les bénéfices réalisés par les thonnares à grand rendement incitent souvent à créer de nouvelles pêcheries dans des régions qui n'en ont pas, ou qui ont perdu celles qu'elles possédaient. Les considérations précédentes montrent que ces créations n'ont pas toujours chance de réussite, car les causes qui ont produit la décadence des unes subsistent, et celles qui ont empêché la formation des autres tiennent à des circonstances naturelles contre lesquelles tout effort se montrerait impuissant.

Le thon, sténotherme et sténohalin, hypersensible à l'époque de la reproduction, se dirige nécessairement vers des eaux tièdes, à forte salure, et délaisse les autres. L'examen de la distribution des thonnares dans le bassin occidental de la Méditerranée dénote que toutes les régions convenables sont actuellement occupées : avec suprématie, quant aux thons génétiques, de la partie méridionale du bassin, et atténuation ou exclusion pour la partie septentrionale, comme pour le littoral algéro-marocain que longe le courant superficiel d'entrée de l'eau atlantique.

Quoi qu'il en soit, les études nécessaires à la fondation de nouvelles thonnares ne pourront plus se borner à celles que les praticiens ont coutume d'effectuer. Il sera indispensable, évidemment, de connaître la topographie sous-marine pour savoir si l'engin pourra être monté et exploité sans difficultés. Mais les ichthyobiologistes devront intervenir à leur tour, et délaissant la recherche superflue de conditions secondaires, il leur faudra procéder à des mensurations méthodiques de température, de courants, et de salinité.

Orléans — Imp. Aug. Gout et Cie